Histoire de la maladie des pommes de terre en 1845

JOSEPH DECAISNE

Librairie agricole de Dusacq, 1846

TABLE DES MATIERES

RELATIVES À LA MALADIE DES POMMES DE TERRE.

EXPOSÉ DE LA QUESTION.

EXPOSÉ DE LA QUESTION

Depuis le mois d'août, la maladie des pommes de terre tient en éveil l'attention publique: on se croit menacé d'une disette, on s'alarme pour la santé des classes laborieuses auxquelles ce tubercule sert de principal aliment; on craint pour les récoltes prochaines; quelques esprits vont plus loin et présagent dans un avenir très rapproché la destruction d'un végétal sur lequel repose en partie la prospérité de notre agriculture.

Cette maladie, qui cette année s'est progressivement avancée de la Hollande jusqu'en France, commence à sévir dans les départements méridionaux.

Deux opinions diamétralement opposées ont été émises, dès le principe, sur la cause et les caractères que présente cette affection. Les uns rapportent cette cause à la présence d'un champignon par lequel la fécule se trouverait altérée et même détruite; les autres, au contraire, nient formellement l'action délétère du champignon et reconnaissent la conservation du principe amylacé.

C'est cette dernière opinion que j'ai émise dans la séance de la Société philomatique du 30 août.

J'établissais le premier à cette époque:

Que la maladie des pommes de terre ne dépend point de la présence d'un botrytis; que celui-ci, comme les autres moisissures, les vibrions, les acarus, qui se développent sur les pommes de terre en voie de décomposition, sont l'effet et non la cause de l'affection qui les attaque aujourd'hui;

Que le botrytis et les autres champignons filamenteux ne se rencontrent point à l'intérieur du tubercule, au début de la maladie; Qu'en général, la fécule se trouve en quantité presque aussi considérable vers les parties affectées que dans les parties saines;

Que les parties colorées en brun doivent cette coloration à une substance d'apparence granuleuse, qui s'insinue entre les utricules, les recouvre, sous forme d'enduit, et les pénètre de manière à envelopper les grains de fécule, sans néanmoins leur faire subir la plus légère altération;

Qu'en faisant bouillir les tranches minces des portions malades, on remarque à l'intérieur des utricules un réseau formé par la substance colorante qui enveloppait, avant l'opération, chacun des grains de fécule;

Que l'acidité du suc de la pomme de terre diminue, en raison de l'augmentation de la maladie, et j'en concluais que c'était la substance azotée du tubercule qui subissait la principale transformation;

Que, d'après tout ce qui précède, les tubercules les plus profondément altérés peuvent encore être employés avec avantage, soit pour en extraire le principe amylacé, soit pour en obtenir des eaux-de-vie par la distillation, et qu'ainsi la récolte était loin d'être complètement anéantie, comme on le supposait.

Ces faits capitaux étaient, comme on le voit, de nature à tranquilliser les cultivateurs. M. Morren, au contraire, a vu dans la maladie l'effet d'un champignon parasite qui, après avoir atteint les organes foliacés, s'étendrait aux parties souterraines et deviendrait la seule cause de l'altération des tubercules. M. Montagne, de son côté, a eu la même pensée, en donnant à ce champignon le nom de botrytis infestans.

Pour remédier au mal, M. Morren, comme M. de Martius, propose de faucher les tiges et de les brûler, ainsi que les pommes de terre malades; de remplacer les tubercules-semences qui doivent être infectés des graines ou sporules du botrytis par des tubercules étrangers; de chauler les tubercules destinés aux semailles; enfin de gratter les murs et de badigeonner à la chaux les caves dans lesquelles on aurait déposé les tubercules malades, afin de détruire tous les germes du botrytis qui auraient pu s'y déposer. En un mot, il y aurait contagion.

Le mal est grand, comme on le voit, mais l'est-il autant qu'on semble le croire ? C'est un point que je vais discuter.

La communication que j'ai eu l'honneur de faire à la Société philomatique n'était que le commencement d'un travail où je me suis proposé d'étudier les modifications imprimées aux tissus de la pomme de terre par la maladie qui la frappe cette année. Je me suis donc appliqué à les y découvrir et à fixer leurs caractères. J'ai étudié les tubercules sains et les tubercules les plus malades que j'ai pu obtenir, en m'attachant à ceux où l'altération, tantôt évidente et profonde, tantôt indiquée seulement par de légères modifications extérieures, ne dénotait, pour ainsi dire, aucune lésion essentielle des tissus, comme si les tubercules eussent été parfaitement sains. Afin de me mettre en dehors de toute chance d'erreur sur la nature de la maladie, je me suis procuré des tubercules et des tiges des différentes provinces de la Belgique, les uns achetés directement sur les marchés de Liège, de Gand et de Bruxelles, les autres recueillis dans la campagne, et accompagnés de tiges. Je crois, à cet égard, avoir opéré sur des pommes de terre semblables à celles que M. Morren a étudiées de son côté.

Des tubercules malades m'ont été adressés de presque tous les points des environs de Paris. J'ai examiné sur place les cultures à Chatenay, Fontenay, celles de la plaine de Montrouge et de Montmorency qui appartiennent au terrain sablonneux, celles des plateaux de la Brie et de la vallée de la Marne. MM. Vilmorin et Elisée Lefèvre m'en ont remis de leurs cultures, j'ai eu à ma disposition la collection du Muséum et les grandes cultures de la Salpêtrière.

Toutes les pommes de terre provenant de ces divers points m'ont constamment offert une altération différente de celles signalées par MM. Morren et Montagne. Et, je dois le faire remarquer, si quelque chose a lieu de me surprendre, c'est notre divergence d'opinion. Mon intention, du reste, en cherchant à réfuter l'idée contraire à la mienne, n'est pas d'entamer une polémique. Le simple exposé des faits suivi de quelques réflexions suffira, je l'espère, pour montrer ce qu'il faut en admettre et en rejeter.

Préférant donc l'expérience aux déductions et aux hypothèses à l'aide desquelles on a trop souvent essayé d'expliquer la maladie des pommes de terre, je me suis attaché à rechercher, par l'anatomie, les caractères des différentes altérations que m'ont offerts les feuilles, les tiges et les tubercules.

CHAP. IER. EXAMEN COMPARATIF DES PARTIES AÉRIENNES À L'ÉTAT SAIN ET À L'ÉTAT MALADE.

HISTOIRE

DE LA

MALADIE DES POMMES DE TERRE

CHAPITRE IER

Examen comparatif des parties aériennes à l'état sain et à l'état malade.

§ Ier. - Des feuilles.

Les feuilles ne m'ont point présenté dans leur altération un caractère uniforme. Tantôt elles ont commencé par jaunir, tantôt au contraire elles ont pris, presque subitement, une teinte brune analogue à celle des feuilles mortes. On a comparé avec justesse cette altération à celle qu'aurait produite sur les feuilles l'action du feu, et c'est, on le sait, la teinte que prennent les feuilles gelées.

Dans cet état, si on examine les organes, on voit que les poils ont d'abord perdu de leur transparence et renferment, vers les points de contact de chacune des utricules dont ils se composent, une quantité plus ou moins considérable de matière jaune, et qu'enfin le liquide des poils globuleux a pris lui-même une teinte d'un brun orangé des plus intenses.

L'épiderme qui, sur les feuilles saines, s'enlevait avec facilité, adhère fortement au tissu sous-jacent dont les membranes, ainsi que la chlorophylle, sont colorées en brun.

Les vaisseaux ne paraissent donc point transporter le liquide brun.

Les altérations du parenchyme m'ont paru identiques avec celles que présentent toutes les feuilles mortes. Il suffit pour s'en convaincre d'examiner comparativement celles des arbres de nos promenades et de la plupart des plantes herbacées qui brunissent en se détachant des rameaux.

Quant au nombre des champignons qu'on rencontre sur les feuilles des pommes de terre détruites dans ces derniers temps, il est assez considérable, mais le même fait peut s'être reproduit chaque année et avoir échappé à l'observation, et, d'après mes recherches, on peut d'autant moins en conclure relativement à la contagion que toutes les feuilles de tilleul, de marronnier, de sureau, ramassées sur le sol par ces temps humides, m'ont offert à l'intérieur du parenchyme des filaments de monilia, botrytis, etc.

M. Morren a inoculé les spores du botrytis de manière à déterminer ainsi la production du champignon sur des feuilles saines. Cette expérience de contagion ne m'a pas réussi. Du reste, il est difficile d'admettre l'introduction des spores à travers les stomates, car l'ouverture de ces derniers est de beaucoup plus étroite que le volume des spores elles-mêmes. On comprendra plus difficilement encore la modification de la séve par le transport de ces seminules jusques aux tubercules à travers les méats intercellulaires et les vaisseaux.

Ainsi pour moi la coloration brune des feuilles n'est point liée à la présence d'un botrytis.

Je vais essayer de démontrer qu'il en est de même à l'égard des tiges et des tubercules, et qu'il faut considérer cette matière brune comme une altération des liquides, à laquelle se trouve liée celle des membranes.

§ II. - Tiges.

Tels sont les caractères que m'a démontrés de l'extérieur à l'intérieur l'anatomie des tiges du solanum tuberosum.

Voici maintenant ce que m'ont constamment présenté de jeunes tiges malades avant l'entière destruction de la moelle.

Les utricules épidermiques jaunissent d'abord et acquièrent par la suite une couleur brune très prononcée. Cette première coloration est due à une altération du contenu des utricules; en effet, on voit les grains de chlorophylle recouverts d'une substance jaune qui s'applique en outre intimement sur la membrane cellulaire.

Quant à la destruction des tiges, elle n'a été partout cette année ni instantanée ni complète. On a trop généralisé à cet égard. Ainsi, j'ai souvent rencontré de jeunes rameaux vivants à l'aisselle de feuilles complétement détruites. En assistant à la Salpêtrière, à l'arrachage des tubercules, nous avons rencontré fréquemment des tubercules suspendus à des rameaux pleins de végétation quoique cependant toutes les parties aériennes fussent complétement détruites; tantôt, au contraire, nous avons recueilli des tubercules malades au pied de tiges parfaitement saines; tantôt enfin, et sur un même rameau, nous avons observé des tubercules sains et des tubercules malades. En général, ceux-ci se trouvaient placés plus profondément que les autres.

Les minutieux détails dans lesquels je suis entré en parlant des tiges et des feuilles me permettront de passer rapidement sur la description des organes qui constituent la masse totale d'un tubercule de pomme de terre.

Mais avant de continuer, rappelons que l'altération des tiges s'est manifestée par une coloration jaune du parenchyme externe ou cortical, et que cette coloration s'est avancée de l'extérieur à l'intérieur.

Nous allons voir qu'il en sera de même à l'égard des tubercules.

§ III. - Caractères que présentent les tubercules malades.

En général, le tubercule commence à s'altérer dans la région voisine du point d'insertion, mais ce caractère n'est pas sans exception; il m'est arrivé de retirer du sol des tubercules chez lesquels l'altération se manifestait précisément au point opposé; d'autres fois enfin, et c'est, je crois, le cas le plus ordinaire, le tubercule présente des taches disposées très irrégulièrement et sans connexion avec les yeux. Ces taches, quelquefois à peine visibles, s'étendent sur tout le tubercule de manière à lui donner seulement une teinte plus foncée et presque terreuse.

Ces taches ont été considérées comme un champignon d'une nature spéciale, mais, suivant la plupart des observateurs, elles sont dues à une altération des liquides; pour d'autres, elles sont déterminées par un liquide brun qui s'insinue entre les utricules du parenchyme et les colore; d'après d'autres enfin, cette coloration serait formée par une substance analogue à Fulmine qui, tout en s'infiltrant dans les méats intercellulaires, finit par pénétrer les utricules et par empâter chacun des grains de fécule.

Toutes les pommes de terre avariées m'ont offert ces taches, moins étendues il est vrai sur les précoces que sur les variétés tardives. En Hollande et en Belgique les tardives rouges et les bleues ont été plus altérées que les blanches; les premières présentent presque toutes à la première vue, une teinte particulière, à l'aide de laquelle on reconnaît l'existence de la maladie.

Tels sont les caractères que présentent les tubercules avariés au moment où on les arrache du sol et lorsqu'ils n'ont subi aucune lésion. Dans cet état, l'altération, tantôt partielle, tantôt générale, mais variant en profondeur sur un même tubercule, et à plus forte raison sur des tubercules différents, envahissant rarement l'épaisseur du parenchyme cortical, permet de les utiliser après un épluchage convenable et d'en conserver encore au moins les trois quarts qui fournissent une substance alimentaire de bonne qualité. Mais il n'en a pas été ainsi, et on a vu les cultivateurs, effrayés par les circulaires qu'on leur distribuait, jeter sur les routes et abandonner au milieu des champs des masses énormes de tubercules sur lesquels on voyait à peine quelques légères morsures d'insectes.

D'après MM. Pouchet, Girardin. et Bidart, la maladie des pommes de terre offre quatre périodes.

Dans la première, le tissu du tubercule est à peine coloré, on y distingue de très petits granules d'un brun clair qui apparaissent à la surface de la membrane formant le tissu cellulaire; ils sont surtout apparents dans les espaces intercellulaires. La fécule qui remplit les cellules affectées est tout aussi grosse et aussi abondante que dans les cellules saines.

Dans la deuxième période, le tissu de la pomme de terre a contracté une teinte brunâtre; les granules bruns se sont multipliés à la surface des cellules; ils sont serrés, d'un brun foncé, et envahissent des régions plus ou moins considérables des parois cellulaires. Les membranes qui constituent celles-ci contractent elles-mêmes une coloration brunâtre, mais sans être désorganisées. La fécule est dans l'état normal.

Dans la quatrième période, le tissu de la pomme de terre est mou et d'une teinte grisé. Les membranes cellulaires sont tout à fait détruites et réduites en granulations brunes très fines résultant de la désagrégation des parois cellulaires et des granules qui étaient apparents à la surface. Dans l'espèce de putrilage formé parla destruction de ce tissu nagent les grains de fécule, qui tous se sont encore conservés dans leur intégrité.

Il me reste à examiner dans ces tubercules putrilagés certains phénomènes auxquels on a attribué une grande valeur.

En général, la plupart des tubercules avariés se couvrent à la surface de flocons plus ou moins nombreux si on les abandonne dans des lieux obscurs et humides. Ces flocons, qui souvent ont été pris à tort pour le botrytis, appartiennent à d'autres champignons microscopiques, soit à un fusisporium lorsqu'ils constituent des sortes de petits coussinets blancs, soit au trichathecium roseum, soit au penicillium glaucum, s'ils affectent l'une ou l'autre de ces nuances, soit enfin au verticillium tenerum si le tubercule se couvre à la superficie de taches ocracées ou ferrugineuses.

Arrivés à cet état, les tubercules acquièrent, en se desséchant, une dureté extrême et participent des caractères assignés par M. de Martius à la gangrène sèche.

Quoi qu'il en soit, les tubercules, à leur première période d'altération, se reconnaissent assez facilement; leur épiderme offre une teinte brune ou fauve qui contraste avec les parties voisines. A cette première période, la maladie mérite à peine ce nom, et peut se confondre avec une affection légère et locale de l'épiderme plus tard, la teinte brune s'étend et donne, surtout aux pommes de terre jaunes, l'aspect d'un fruit qui commence à se gâter. Ce caractère est moins sensible sur les variétés rouges ou violettes.

Si l'on coupe en travers un tubercule attaqué récemment, on remarque que les utricules sous-épidermiques des portions malades ne diffèrent des parties saines que par un degré plus intense de coloration. Dans le voisinage des deux portions, les utricules se confondent; on ne distingue alors qu'une étroite zone brunâtre, plus ou moins régulière, à la périphérie du tubercule. A une époque plus avancée, on voit la coloration brune se prolonger vers le centre en partant de la circonférence, ainsi que nous l'avons remarqué pour les tiges.

Ainsi, d'après mes remarques, l'hypothèse de M. Morren ne satisfait pas à toutes les circonstances du phénomène.

Les rapides changements de forme que les taches obscures éprouvent, les espaces plus ou moins étendus que la maladie a envahis dans un temps très court lorsque le tubercule était placé dans un lieu humide, la promptitude avec laquelle les fanes et les tiges se sont flétries, ne permettent que difficilement de croire à l'action d'un champignon infestant.

Ainsi, dès son début, la maladie s'avance de l'extérieur à l'intérieur.

Deux remarques serviront encore à prouver l'indépendance de ces phénomènes.

La première, c'est que toutes les moisissures que je viens de citer se sont développées, cette année, sur une foule de fruits charnus en décomposition; la seconde, c'est qu'annuellement toutes les tiges de pommes de terre se couvrent à la base d'un champignon parasite qui leur est, pour ainsi dire, spécial, et que personne, à ce que je sache, n'a constaté la présence de ce champignon (Vermicularia Dematium) sur les tubercules qui se trouvent, pour ainsi dire, en contact avec lui.

§ IV. - Examen de la matière brune.

Mais je reviens à la matière granuleuse brune; car, on le voit, c'est avec l'étude de cette matière que commence la difficulté.

Afin de m'assurer de l'état de conservation du principe amylacé et surtout de la présence du champignon, j'ai choisi avec soin quelques portions des plus colorées, et, à l'aide de pointes, j'ai extrait la fécule des utricules qui la renfermaient; les grains m'ont paru parfaitement sains, mais plus ou moins recouverts par la matière granuleuse brune au milieu de laquelle ils semblent empâtés.

On peut donc établir, en thèse générale, que la fécule n'est point détruite dans le voisinage des parties brunes. Si la maladie, en s'avançant de la circonférence au centre, entraînait la dissolution du principe amylacé, il serait difficile de comprendre comment la fécule peut se retrouver dans les utricules qui ont dû être en contact immédiat avec les foyers d'infection. Ces organes, ainsi attaqués par la matière brune, devraient se trouver privés du principe amylacé, tandis que le contraire se remarque dans l'immense majorité des cas.

C'est pour en connaître les caractères que M. Melsens a bien voulu entreprendre quelques expériences, et m'aider de ses connaissances chimiques avec une obligeance dont je ne saurais assez le remercier.

Remarquons d'abord que la question relative à l'infection s'est déplacée de jour en jour depuis l'époque où elle a commencé à occuper les esprits. La présence du botrytis, comme cause initiale du mal, est à peu près généralement abandonnée. Mais il s'agit de constater aujourd'hui si, comme l'annonce M. Payen, la matière brune appartient elle-même à un champignon d'une nature spéciale, et si les cultivateurs doivent à l'avenir redouter ses funestes ravages.

Je vais chercher à éclaircir cette question, que je regarde comme très importante, car les écrits de M. Payen, recherchés, médités par les agronomes instruits, ont une trop haute valeur scientifique, pour qu'on laisse s'y glisser une assertion incomplètement démontrée: la discussion appliquée à une théorie isolée de ce savant professeur, est en même temps un hommage rendu à l'authenticité de tous les autres.

Mais il est un fait important, propre à éclairer l'observateur qui veut déterminer la composition de ce réseau et s'assurer s'il appartient réellement à un champignon, c'est que, si on examine le tissu d'une pomme de terre saine, on y voit exactement le même sac plissé utriculaire, parfaitement distinct de l'autre par sa couleur et son aspect général; une faible quantité de teinture alcoolique d'iode le rend plus manifeste encore, puisque le sac externe a la propriété de conserver toute sa transparence, lorsque le sac interne se teint en jaune sous l'influence du même agent, l'iode.

L'action de l'iode donne donc un moyen de reconnaître plus nettement ces deux sacs, en même temps qu'il donne au réseau des caractères plus apparents.

Tous ceux qui connaissent la sagacité que M. Payen porte dans ses observations s'étonneront sans doute que ces caractères communs au tissu sain et au tissu malade des tubercules aient échappé à un savant qui, dans ses recherches sur l'organisation des tissus végétaux, a imaginé une série d'expériences ingénieuses et susceptibles d'une grande précision.

"Si l'on coupe en travers un tubercule, on discerne à l'oeil nu les parties attaquées par la coloration roussâtre qu'elles ont acquise; partout où ces apparences se manifestent, le tissu est amolli et se désagrégé plus facilement que dans les parties saines, blanchâtres.et fermes.

"Des tranches très minces, observées au microscope, laissent voir, aux limites de l'altération progressive, un liquide offrant une légère nuance fauve qui s'insinue dans les méats intercellulaires; ce liquide enveloppe graduellement presque toute la périphérie de chacune des cellules; dans les parties fortement attaquées, il a tantôt augmenté, tantôt détruit l'adhérence des cellules entre elles, ce qui explique la désagrégation facile des tissus en ces endroits.

"Des corpuscules charriés avec le liquide fauve forment, sur les parois des cellules, des granulations plus foncées; plusieurs réactions chimiques permettraient de les comparer à des sporules d'une ténuité extrême.

"Un grand nombre de cellules, envahies par le liquide, conservent leurs grains de fécule intacts.

"Comment se fait-il donc que plusieurs persones aient cru reconnaître une dissolution générale de la substance amylacée en apercevant les cellules vidées, et devoir attribuer ces effets à la maladie des tubercules ?

Ainsi M. Payen admet la conservation du principe amylacé dans les cellules, que vient enduire tantôt en augmentant, tantôt en diminuant l'agrégation des utricules, un liquide fauve qui dépose contre leurs parois des corpuscules comparables chimiquement à des sporules d'une ténuité extrême.

Dans sa deuxième notice, M. Payen annonce qu'à l'aide de nombreuses et délicates expériences il est arrivé à reconnaître, à l'intérieur des utricules, des filaments qui lui font envisager la matière brune comme appartenant à un champignon filamenteux d'une nature spéciale.

Ces observations nouvelles semblent mettre en évidence aux yeux de M. Payen, la cause principale et les effets variés de l'altération des pommes de terre. Il les résume ainsi:

"Une végétation cryptogamique toute spéciale, se propageant, sans doute, des tiges aériennes aux tubercules, en est l'origine.

"Traversant d'ailleurs les méats intercellulaires d'une cellule à l'autre, ils s'entre-croisent et rendent solidaires les parties du tissu qu'ils envahissent; ils les retiennent consistante malgré la cuisson dans l'eau à une température de 100 degrés. Les prolongements byssoïdes dirigés vers la périphérie vont au travers des parois des cellules attaquer toutes les matières assimilables qu'elles renferment, azotées, huileuses et amylacées; la fécule graduellement désagrégée, dissoute et absorbée, présente une série d'altérations rapides, et nouvelles dans l'histoire de ce principe immédiat.

"A l'ensemble de ces faits on reconnaît donc l'action d'une énorme végétation parasite qui s'empare d'une portion des tissus vivants de la pomme de terre, se logeant dans les uns, puisant dans les autres toutes les substances assimilables qu'ils renferment.

"Telle est la forme de la maladie importée chez nous sans doute par les sporules du champignon spécial, dont l'humidité et la température ont dû hâter les développements."

Ainsi M. Payen ne semble pas avoir remarqué que le réseau augmentait dans les utricules et que celles-ci se déchiraient précisément à cause de son mode de trituration, utile dans une foule de cas, mais défectueux lorsqu'il s'agit de recherches aussi délicates que celles qui nous occupent.

Il fait reposer toute sa théorie sur la transmission de sporules qui à l'aide d'un liquide se déposent contre les utricules, y germent et finissent par les pénétrer, mais il s'abstient de remonter à l'origine de ces sporules et de chercher à reconnaître le végétal qui les produit.

Je dois rappeler en effet que, dans une foule de localités, ce laps de temps a suffi pour la destruction des tiges et la désorganisation des tubercules.

Examinons maintenant la Question au point de vue chimique:

Il est difficile d'obtenir des utricules intactes lorsqu'on les désagrège par une trituration sous l'eau. Ce mode de préparation suffirait pour expliquer la présence de larges lambeaux et celle des filaments à la surface des utricules, mais il y en a deux autres qui tendent encore, selon moi, à mettre en relief le réseau interne et la production des lignes entrecroisées qu'on remarque sur les utricules soumises au même traitement et sur lesquelles* j'ai déjà appelé l'attention.

Mais je me verrais dans l'obligation d'entamer ici une discussion spéciale, trop en dehors du sujet essentiel, aux yeux du cultivateur.

On me pardonnera d'insister avec quelques détails sur cette question que personne n'a, je pense, encore traitée.

D'après les expériences de M. Stas, la matière brune serait formée, en grande partie, par de l'albumine coagulée à laquelle viendrait s'ajouter une substance colorante que je rapporte à Fulmine.

Ces expériences ont toujours été faites comparativement sur des tubercules sains et sur des tubercules malades de la variété dite jaune de Hollande.

Des tranches minces de jeunes tomates, colorées en brun par une altération dont les signes extérieurs se rapprochaient beaucoup de ceux de la pomme de terre, ont été également soumises à l'action de l'acide chlorhydrique concentré et bouillant sans que les parties colorées en brun aient subi la plus légère altération.

Le même caractère s'est reproduit en opérant sur des tranches minces de coings, de poires à cidre, de pêches en voie d'altération.

La potasse caustique diluée et bouillante prend une légère teinte jaunâtre comme une dissolution très étendue d'ulmate de potasse dans laquelle les portions brunes acquièrent plus d'éclat.

L'acide nitrique à 36° rend la coloration plus intense, sans néanmoins dissoudre la matière après un contact de vingt-quatre heures.

Des portions de pommes de terre malades placées dans une dissolution d'acide sulfureux nous ont offert un affaiblissement notable dans leur coloration, sans néanmoins la faire complètement disparaître après un contact de quinze jours et une exposition à une lumière vive.

Cette résistance de la matière brune aux agents chimiques est un phénomène propre à l'ulmine mise en contact avec des membranes végétales et peut se comparer à ceux qui se passent lorsqu'on teint les étoffes, ou bien encore à cet effet si curieux de la fixation des matières colorantes sur le charbon. En effet, les utricules ainsi enduites de matière brune nous ont constamment montré après l'opération une sorte de réseau brun granulé appliqué contre la membrane cellulaire, et faisant, pour ainsi dire, corps avec elle. Ce réseau, par l'ouverture et l'irrégularité de ses mailles, nous a paru dépendre de la dissolution des grains de fécule qui se trouvaient engagés et comme emportés par la matière brune. En effet, dans les utricules légèrement enduites, nous avons constaté, en outre, la présence d'un sac plus ou moins plissé, dont les caractères, très faciles à saisir, se retrouvent dans les utricules des pommes de terre saines.

En résumé, il est facile de comparer les résultats auxquels je suis arrivé avec ceux qui ont été énoncés par d'autres observateurs.

Ainsi, loin d'admettre le ramollissement et la désagrégation des cellules ou utricules colorées en brun dans les tubercules malades, je crois avoir démontré que les utricules enduites sur les deux surfaces par cette substance adhèrent au contraire très intimement les unes aux autres, et ne semblent avoir subi aucune altération, puisqu'on y retrouve très souvent le nucléus auquel s'associent souvent, soit dans les pommes de terre malades, soit dans les pommes de terre saines, de petits cristaux cubiques, plus ou moins colorés en jaune.

Je reconnais n'avoir jamais rencontré d'utricules déchirées au milieu des parties altérées, j'avoue même ne connaître aucun exemple de semblables altérations; les utricules m'ont toujours paru se résorber, mais non se déchirer, pour disparaître ensuite.

Les granulations de la substance brune ne m'offrent aucune analogie avec les spores des végétaux inférieurs, et en particulier avec celles des mucédinées.

Je crois avoir démontré qu'on rencontre en outre, à l'intérieur des utricules provenant de tubercules sains, un réseau semblable à celui qu'on a considéré comme un champignon spécial; et l'explication que j'en donne me permet de conclure que la composition chimique d'un corps ne peut pas servir à démontrer sa véritable nature au point de vue du naturaliste.

§ V. - Diminution de la fécule.

A l'exception de quelques cas assez mal définis, les tubercules avariés et les tubercules sains paraissent renfermer à peu près la même quantité de fécule. La plupart des observateurs sont d'accord à ce sujet. Cependant MM. Rayer et Valenciennes ont rencontré des tubercules complètement dépourvus de fécule, mais ce phénomène est heureusement exceptionnel, et ne paraît appartenir, lorsqu'il s'étend à tout le tissu, qu'aux tubercules-semences.

En moyenne, d'après l'observation de quelques agronomes instruits, les pommes de terre saines rendent cette année moins de fécule qu'à l'ordinaire. Dans les utricules les plus altérées, les grains de fécule sont encore intacts; leur substance est insoluble, même dans l'eau chauffée à 50 degrés.

D'après M. Payen, auquel on doit les recherches les plus complètes sur ce sujet, les grains de fécule sont plus faciles à diviser mécaniquement, et se comportent avec l'iode, l'acide sulfurique, la diastase, comme la fécule normale.

Cependant la fécule éprouve différentes modifications dans les tubercules avariés.

Elle diminue, et dès lors plusieurs altérations se prononcent dans les utricules attaquées sur un des points de leur superficie, leur substance interne se désagrège et se dissout; les parois de la cavité sont sillonnées de fentes irrégulières qui graduellement deviennent plus profondes. Le volume total des granules amylacés diminue, presque toute la cavité de la cellule se trouve vidée; le sac, réduit à un très petit volume, contient seulement quelques fragments irréguliers arrondis, de matière féculente.

Enfin tout disparaît; i 1 ne reste que la chambre cellulaire diaphane et vide.

J'emprunte encore aux différentes notices publiées par M. Payen les passages relatifs au sujet qui nous occupe, et suis heureux de puiser dans son opinion des preuves à l'appui de la mienne.

"La fécule étant en grande partie intacte dans les tubercules altérés, on pourrait croire qu'il serait facile de l'extraire en suivant les procédés usuels. Il n'en est rien cependant, car un grand nombre d'utricules peu ou pas adhérentes, comme dans les pommes de terre dégelées, se sépareraient les unes des autres par Faction de la râpe sans s'ouvrir, et retiendraient la fécule enveloppée restant avec elles sur le tamis.

"Quant aux tubercules dont la dégénérescence serait avancée, on en pourrait certainement tirer parti en les divisant à la râpe, lavant la pulpe sur un tamis, extrayant de l'eau de lavage la fécule par les procédés usuels.

"Les pommes de terre même qui se sont altérées rapidement au point d'être entièrement désagrégées, pourraient encore se traiter par les mêmes moyens."

Ces conclusions sont rassurantes et diffèrent totalement de celles de M. Morren qui conseille de brûler les tubercules avariés ou pourris.

CHAP. II. EXAMEN DES CORPS ÉTRANGERS DÉVELOPPÉS À LA SURFACE OU DANS L'INTÉRIEUR DES TUBERCULES.

CHAPITRE II

Examen des corps étrangers développés à la surface ou dans l'intérieur des tubercules.

§ Ier. Maladie attribuée au Botrytis.

Mlle Libert, à qui l'on doit d'excellentes observations mycologiques, a la première attiré l'attention sur le botrytis. Voici le rôle qu'elle attribue à cette moisissure, qu'elle considère comme le B. farinosa, et dont les ravages, favorisés par un temps pluvieux, semblent ne devoir faire grâce à aucune des nombreuses variétés de pommes de terre. Elle naît de préférence sur les feuilles vivantes, tandis que toutes ses congénères naissent sur des feuilles et des tiges mortes ou en putréfaction. La surface supérieure des folioles, les nervures principales, les pétioles et les tiges sont épargnés.... La surface supérieure offre des taches d'un brun foncé, qui s'étendent, à mesure que la moisissure avance à la surface inférieure. A la vue du dégât que cette plante ne cesse de faire, on serait porté à changer son nom spécifique en celui de vastatrix, qui convient rigoureusement à cette espèce.

Ainsi, dans l'opinion de Mlle Libert, le botrytis serait limité aux feuilles et n'attaquerait pas même les tiges.

L'action de ces différents champignons est entièrement locale; ils n'agissent jamais, à ce que je sache, par infection, ainsi que M. Morren l'admet pour le botrytis; celle du champignon microscopique (la sphacélie), qui produit l'ergot en dénaturant le grain du seigle, reste limitée à l'ovaire; elle change la forme et la composition élémentaire des tissus de l'ovule sur lequel elle se porte, sans altérer les organes voisins, ainsi que l'a si bien fait connaître M. le docteur Léveillé.

On ne peut donc point comparer les phénomènes produits par la sphacélie à ceux d'une infection.

Enfin, on a encore assimilé le botrytis à ces rhizoctonia qui enlacent de leurs nombreux filaments les racines de la garance, de la luzerne, du safran, sans songer cependant que ces plantes meurent, étouffées par l'espèce du feutre qui enveloppe leurs parties souterraines et oppose ainsi un obstacle mécanique à l'absorption des racines, sans altérer d'abord leurs tissus et sans qu'on voie jamais ces filaments remonter des racines et s'étendre jusqu'aux parties herbacées.

D'autres moisissures, au contraire, ont besoin, pour se développer, de rencontrer un corps en voie de décomposition ou de fermentation; tels sont le fusisporium, l'oïdium fructigena le verticillium tenerum, le trichothesium roseum) les penicillium, qui en effet se retrouvent tous sur les tubercules très altérés, mais que personne, à ce que je sache, n'a observés sur les parties herbacées et vivantes de la pomme de terre.

M. de Martius a attribué la gangrène sèche (stockfaule, trocken faule) à un fusisporium; moi-même j'ai reçu, à diverses reprises, des tubercules couverts de cette moisissure, lorsqu'ils m'arrivaient de points assez éloignés, et dans des conditions analogues à celles dans lesquelles se trouvaient placés les échantillons observés par M. de Martius, échantillons d'après lesquels il a décrit les caractères de sa gangrène sèche. Or, personne, je pense, ne sera tenté de faire dépendre du fusisporium la maladie qui nous occupe, puisque ce champignon ne se montre jamais à la surface des feuilles, et qu'il n'a pu ainsi s'étendre de celles-ci aux tiges, et des tiges aux tubercules.

Malgré la valeur de ces objections, M. Morren n'a point hésité à rapporter l'altération des tubercules à l'action d'un champignon épipyhlle.

M. le docteur Montagne avait adopté, dans le principe, la manière de voir de M. Morren. " On s'accorde généralement, disait-il, à croire que cette affection est occasionnée par la présence d'un champignon de la famille des mucédinées, et, ce qui est bien remarquable, par une mucédinée appartenant à ce même genre botrytis dont fait également partie l'espèce qui sévit si cruellement parfois sur les vers à soie. Ce botrytis, qu'en raison de ses effets nous proposons de nommer botrytis infestans, attaque surtout le dessous des feuilles de la solanée, qu'il recouvre entièrement comme d'une poussière blanche, et sa propagation est si rapide, qu'en trois ou quatre jours au plus de vastes champs sont dévastés et la récolte du précieux tubercule anéantie.

"Cependant M. Morren doit avoir retrouvé sur les tubercules mêmes la mucédinée qui envahit la face inférieure de toutes les feuilles de la plante. Nous n'avons rien observé de semblable."

Ainsi M. Montagne, tout en admettant l'action du botrytis sur les parties herbacées, avoue cependant n'avoir jamais rencontré ce champignon sur les tubercules, et cette dernière remarque s'accorde avec les miennes.

Personne n'a vu un botrytis envahir toute la plante sur laquelle il se montre. Son action, si toutefois il en exerce une, est circonscrite.

M. Desmazières, auquel l'étude des mucédinées est très familière, a reconnu déjà, en 1844, un botrytis analogue à celui signalé par M. Morren sur la presque totalité des taches que présente la face inférieure des feuilles de la pomme de terre. C'est particulièrement sur la variété appelée dans le département du Nord blanche tardive, qu'il a pu observer la mucédinée. " Examinée à l'oeil nu, la feuille, encore d'un beau vert sur une certaine étendue de sa surface, offre des taches brunâtres, plus pâles à la face inférieure qui est couverte, quelquefois presque entièrement, d'un léger duvet blanc et d'apparence pulvérulente. Vus au microscope, les filaments sont quelquefois dichotomes, mais le plus souvent irrégulièrement rameux et cloisonnés à de longs intervalles. Çà et là ils présentent des renflements qui les font paraître comme noueux. Les rameaux, en petit nombre, sont la plupart alternes, plus ou moins longs, et principalement situés à la partie supérieure de la tige. L'angle qu'ils forment avec elle est à peu près de 45 degrés. Le sommet des rameaux est renflé et présente des sortes de corps turbinés ou arrondis, qui me paraissent de jeunes corps reproducteurs.

Dans une lettre en date du 26 octobre, M. Desmazières m'écrivait: " Je n'ai pu observer que cinq ou six petits boutons de botrytis sur plusieurs centaines de pommes de terre altérées qui sont passées sous mes yeux, et certes si ce botrytis eût existé sur les tubercules que vous avez examinés à Paris, il ne vous eût point échappé, puisque ces pustules avaient de 1 à 2 millimètres. Je regrette bien vivement de n'avoir pas cherché à conserver ces précieux échantillons, etc."

Ces faits sont concluants puisqu'ils nous sont fournis par des personnes livrées spécialement à l'étude de la cryptogamie.

J'ajouterai en outre que M. Desmazières, dans ses diverses analyses microscopiques des tubercules malades, n'a retrouvé aucune trace de mucédinée dans leurs tissus; et quant à la cause réelle de la maladie, il pense, suivant moi avec raison, qu'elle ne peut être attribuée en aucune manière à la présence d'un champignon, et qu'il est possible de combattre toutes les opinions émises à ce sujet par des faits contraires à ceux que l'on a avancés pour les établir.

§ II. - Maladie attribuée aux insectes.

Je ne ferai qu'effleurer ce côté de la question. A mon avis, le rôle attribué aux insectes est ou tout à fait nul, ou insignifiant.

Je renvoie aux mémoires présentés à l'Académie des sciences par MM. Gruby et Guérin, en faisant observer cependant que ce dernier n'admet nullement l'influence des insectes dans la production de la maladie.

CHAP. III. INFLUENCES MÉTÉORIQUES.

CHAPITRE III

Influences météoriques.

La prolongation d'un temps pluvieux et froid ayant fait naître, pendant une grande partie de l'été, de vives inquiétudes sur la récolte des céréales, on a pu légitimement attribuer la maladie des pommes de terre à cette même circonstance. La plupart des cultivateurs s'accordent en effet à considérer cette épidémie comme une conséquence naturelle des jours pluvieux; des brusques abaissements de température et des brouillards que nous avons éprouvés cette année. Plusieurs rapports de sociétés d'agriculture s'expriment nettement à ce sujet. Mais, je me hâte de le dire, cette opinion, quoique appuyée de preuves évidentes dans certaines localités, n'explique peut-être pas seule tous les faits observés jusqu'ici, car nous avons trop peu d'éléments sous les yeux pour qu'on puisse déduire d'observations éparses des conséquences, à l'abri de toute objection.

Dans l'opinion de M. Morren, les agents météoriques auraient été cette année sans effet appréciable sur les pommes de terre, et, pour le démontrer, il s'appuie sur les tableaux météorologiques de l'observatoire de Bruxelles.

Voici à ce sujet le résumé publié par M. Quetelet dans le dernier numéro des Bulletins de l'Académie des sciences de Bruxelles.

"Les températures moyennes de chacun des cinq derniers mois, à l'exception de celle du mois de juin, ont été inférieures aux moyennes des températures des mêmes mois pendant les douze années précédentes. Les mois de mai, avril et septembre de cette année peuvent être considérés comme des mois comparativement très froids; juillet a eu une température un peu basse, tandis que juin est resté dans les limites ordinaires. " Le mois de mai a donné aussi une quantité de pluie qui dépasse sensiblement celle des années précédentes; les autres mois ne présentent pas d'anomalie à cet égard.

Je laisse à décider si, d'après ces relevés, il n'est pas permis de faire intervenir les agents météoriques dans la maladie des pommes de terre, et si on doit, comme l'admet M. Morren, la rapporter uniquement au botrytis ?

Pour peu qu'on y réfléchisse, on reconnaîtra que les preuves sur lesquelles on se fonde ici, loin d'être défavorables à l'opinion qui fait intervenir les agents météoriques, conduisent à les reconnaître comme les causes les plus énergiques de l'altération des pommes de terre.

Celle-ci, d'après tout ce qui précède, me paraît avoir absorbé une quantité d'eau considérable, et l'absence de soleil, en rendant son évaporation impossible, aura entraîné l'altération des feuilles, et partant celle des tubercules.

M. Lindley, dont le nom fait autorité, le remarque très judicieusement. " Si la température est basse, et si l'humidité atmosphérique est considérable, la plante cessera de décomposer l'eau qu'elle reçoit, ses parties les plus jeunes se gonfleront, leur altération ne tardera pas à se manifester et sera suivie de l'apparition d'une multitude de champignons microscopiques."

Dans les Pays-Bas, la pomme de terre paraît avoir été prédisposée à recevoir la maladie par la chaleur inaccoutumée du commencement de juillet. à laquelle a succédé tout à coup une longue suite de jours extraordinairement froids, humides et nébuleux. Un hiver long, humide, une terre à peine dégelée au printemps, la chaleur excessive des premiers jours de juin, suivis d'un été froid et sombre, en un mot, un automne en été me paraît, ainsi qu'à la majorité des cultivateurs hollandais, la première cause de la maladie.

Le rapport de la commission de l'institut des Pays-Bas se prononce nettement en faveur de l'influence de l'humidité, et insiste sur l'absence de lumière solaire comme cause de l'affection.

Dans les environs de Neufchâteau, au dire de quelques cultivateurs, le froid a été si vif pendant une nuit que le lendemain on remarquait dans les champs une sorte de gelée blanche.

Des observations identiques se trouvent consignées dans le Journal de la Société d'agriculture du département des Deux-Sèvres, et par M. Bonjean, dans le Courrier des Alpes du 20 septembre.

Admettons un fait, celui d'une température automnale pendant l'été.

Cherchons maintenant à démontrer en peu de mots l'influence de l'humidité sur les terrains plus ou moins fumés, et, par suite, son action sur les tubercules.

Dans ces derniers temps, tous les cultivateurs ont remarqué que les terrains secs non fumés ont beaucoup moins souffert que les terrains fumés et humides. Cette observation s'accorde avec les recherches scientifiques. En effet, si, d'une part, comme on le sait, un sol maigre et sablonneux contient moins de matières minérales solubles que les terrains humides et chargés d'engrais, et si, d'une autre part, il est constant qu'un végétal qui absorbe en excès des sels ammoniacaux jaunit et perd même assez promptement ses feuilles et ses rameaux, on trouve dans ces faits la cause de l'altération des pommes de terre en faisant intervenir, suivant les localités, l'absence de lumière solaire, les pluies, les brouillards et les brusques changements de température, qui paraissent avoir partout coïncidé avec la production de la maladie.

Mais je manquerais le but que je me suis proposé dans cet opuscule si je n'allais au-devant d'une objection spécieuse.

Pour renverser une théorie scientifique, il ne suffit pas de la combattre par de puissantes objections; il faut en outre avoir à lui opposer une théorie plus vraisemblable. C'est ce que j'ai essayé dans ce chapitre, à l'égard de celle qui admet encore le botrytis comme la seule cause de l'affection des tubercules. Je crois pouvoir avancer maintenant que la présence des engrais, jointe à l'absence de la lumière solaire et à l'action de l'humidité, en troublant les principales fonctions des plantes cultivées, peuvent, dans certains cas, déterminer leur altération.

En voyant ainsi la maladie exercer ses ravages, comme au hasard, on a cru pou voir attribuer l'altération des tubercules à un mauvais mode de culture et à une préparation défectueuse du terrain réservé aux pommes de terre dans la plupart des exploitations rurales. Sans rejeter absolument cette opinion, je pense qu'il est difficile de pouvoir l'étendre à tous les pays qui se sont trouvés ravagés, et moins encore aux cultures soignées de quelques agronomes instruits chez lesquels les récoltes ont été complètement détruites. Je ferai même observer à cet égard que les pommes de terre les plus soignées n'ont pu échapper à l'invasion, et j'en citerai un exemple.

On doit donc le reconnaître franchement, la cause qui a altéré plus ou moins profondément les tubercules à Bével ne peut être attribuée à une mauvaise culture. Le contraire serait plus vrai, à mon avis, du moins pour cette année. Ainsi, je le répète encore, je ne pense pas que l'observation ait démontré, comme le dit M. Royer, que les cultures placées dans les conditions les plus favorables de sol et de préparation aient notablement moins souffert cette année que celles qui se sont trouvées dans des circonstances opposées.

Enfin, le volumineux rapport des États-Unis nous apprend encore que la maladie a sévi avec plus d'intensité dans les terrains anciennement cultivés et fumés que dans les terres nouvellement défrichées.

J'ai reconnu moi-même, dans une foule de localités très humides de la Brie, des champs entiers de pommes de terre épargnés par le fléau, et qui n'avaient positivement reçu aucun fumier.

La même remarque peut s'étendre aux variétés cultivées au Muséum dans un terrain rapporté, calcaire, mais très perméable à l'humidité.

Nous trouvons donc encore ici une preuve de l'action des agents météoriques sur des cultures largement fumées.

En général, les variétés hâtives ont produit la récolte d'une bonne année, et, à leur égard, les évaluations de M. Royer me paraissent l'expression de la vérité pour les environs de Paris; on verra plus loin qu'il n'en est plus de même en Hollande et en Belgique. Ainsi, dans certaines localités, la maladie s'est bornée aux tiges sans atteindre les tubercules; dans d'autres au contraire, après avoir frappé les fanes et avoir épargné pendant quelques semaines les tubercules, elle semble être revenue sur elle-même pour frapper ce qui d'abord avait échappé comme n'offrant pas un état de développement assez avancé.

Deux variétés, celles dites des Cordilières et de Lima, n'ont absolument rien produit dans un terrain bien soigné où, année commune, un des agronomes des plus éclairés des environs de Gand, M. Blanquaert, récoltait 7 ou 8 hectolitres.

Les pommes de terre bleues, communément cultivées en Belgique, ont été presque totalement perdues; à peine en est-il resté un douzième d'une récolte ordinaire, et encore n'était-on point certain de leur conservation.

Aux environs de Paris et dans la Brie, les segonzac, les moussons roses, les fine-peau, les patraques jaunes, ont souffert à une époque où les vitelotes, les pommes de terre bleues et violettes se conservaient en parfaite santé.

Des observations analogues ont été faites en Hollande. Ainsi des champs de la variété rouge-pâle, enclavés au milieu d'autres champs de pommes de terre, se sont conservés jusqu'au 5 septembre. Ailleurs, la maladie épargnait l'early-kidney, l'ananas dans les cultures du baron Barneveld, et les frappait chez d'autres cultivateurs.

Enfin, ce qui vient appuyer encore mon opinion sur l'acclimatation des races, c'est qu'une variété nommée westlanders (des terres de l'ouest), les westbergers (des montagnes de l'ouest), les peruviennes, les cordilières, les kidneys les coblentz, ainsi que plusieurs autres variétés ou races nouvellement introduites, ont complétement été ravagées et n'ont même produit aucun tubercule en Hollande.

Je conclus des observations rassemblées dans ce chapitre:

Qu'au point de vue physiologique, l'absence de lumière solaire, jointe à l'humidité de l'atmosphère, peut rendre compte de la maladie des pommes de terre;

Que, sous ces mêmes influences, les terrains humides et fumés auront concouru plus que les terres maigres à favoriser l'extension de la maladie;

Que les races nouvellement introduites dans un pays peuvent avoir besoin de s'y acclimater avant de supporter des causes d'altération auxquelles résistent les races anciennes.

CHAP. IV. MARCHE GÉOGRAPHIQUE DE LA MALADIE.

CHAPITRE IV

Marche géographique de la maladie.

Tout semblait présager une bonne récolte, lorsque le fléau qui nous occupe est venu tout à coup anéantir les espérances des cultivateurs et jeter l'alarme dans les populations; son invasion subite, la régularité de sa marche, et surtout l'immense étendue de ses ravages en Hollande et en Belgique ont dû nécessiter, de la part de ces gouvernements, des mesures législatives tout exceptionnelles ayant pour objet d'assurer la subsistance des deux nations.

Cependant, d'après les recherches de M. Dumortier, il paraîtrait que les Flandres auraient été envahies, en 1775, par une maladie identique à celle qui s'est manifestée cette année et qui suivant Thaër aurait sévi dans le Hanovre ainsi que dans les provinces méridionales de la Prusse, en 1770.

D'autres personnes assurent encore avoir remarqué en 1816 en Alsace, et en 1829 dans l'Orléanais, une altération brune semblable à celle que nous présentent aujourd'hui les tubercules affectés.

D'après une communication adressée à l'Académie des sciences par M. le docteur Decerfz et suivant M. Lefour, un de nos agronomes les plus distingués, la maladie actuelle se serait montrée en France depuis longtemps, mais sur une échelle si peu étendue qu'elle n'aurait point fixé l'attention publique.

M. Durand, pharmacien en chef à l'Hôtel-Dieu de Caen, assure avoir fréquemment observé, à un degré plus ou moins intense, la maladie sur les pommes de terre cultivées dans les terrains bas, humides et argileux du pays d'Auge.

Enfin on rapporte qu'en 1838, à la suite de pluies prolongées, les pommes de terre, semées en avril, furent, peu de semaines après, complètement et simultanément détruites sur plusieurs points de la Bretagne.

Cette année, tout semble démontrer que le fléau aurait d'abord envahi la Belgique pour se porter peu après en Hollande. D'après M. Dumortier, il se serait d'abord déclaré à la fin de juin dans les Flandres occidentales, où il sévissait avec force; de là il se serait porté sur l'Escaut qu'il aurait traversé vers le 6 ou 8 juillet, pour atteindre les différentes îles de la province de Zélande.

Vers le 5 juillet les parties basses et humides de la province de Gueldre signalaient son invasion qui s'est étendue plus tard dans les parties élevées.

Elle ne s'est pas propagée par continuité d'une commune à l'autre. On signalait à la fois son apparition sur plusieurs points très éloignés. Ainsi on a remarqué des localités où elle a été très lente à se propager, quoique tous les villages environnants fussent depuis longtemps infestés.

Elle s'est montrée en Suède et dans le Danemark, après avoir sévi en Hollande.

En France, sa marche paraît avoir été assez régulière. L'Artois, la Picardie, l'Île-de-France, la Normandie, la Bretagne, une partie de l'Anjou et de la Bourgogne étaient atteints avant les provinces de l'est. Le congrès de Mulhouse signalait son invasion vers la fin de septembre, alors que dans une partie de la Hollande on avait déjà songé à faire une nouvelle plantation de tubercules.

L'île de Wight et l'Angleterre paraissent avoir été envahies presque simultanément, ainsi que Paris, vers le milieu du mois d'août; le 23 de ce même mois, on trouvait en effet à peine quelques tubercules de bonne qualité sur les marchés de Londres.

Dans la Champagne, en Alsace et dans le Lyonnais, le mal s'est manifesté un peu plus tard, vers le milieu de septembre. La récolte terminée, dans cette province, vers les premiers jours d'octobre était satisfaisante, et, contre l'attente générale, on ne trouvait qu'un très petit nombre de tubercules avariés, au milieu des plantations.

Au reste nous n'avons, pour ainsi dire, aucune observation exacte sur les températures moyennes des diverses localités infectées, et nous manquons de toutes les données rigoureuses qui nous permettraient de prononcer avec certitude sur l'identité des phénomènes observés à l'époque de la maladie des pommes de terre.

Mais les témoignages sont unanimes pour signaler la rapidité avec laquelle le mal s'est propagé, et si quelques champs ne se sont altérés que progressivement, la plupart ont été ravagés dans l'espace de quelques heures. En Hollande, par exemple, l'invasion a été si rapide, la population s'en est si vivement alarmée, elle était si convaincue du danger qui menaçait les consommateurs des tubercules malades, qu'elle les abandonnait partout sur le champ et que, dans l'espace de quinze jours, on a vu le prix du riz doubler de valeur et celui des pommes de terre s'élever de 10 fr. à 20 fr. l'hectolitre pour celles qui se trouvaient cultivées dans les dunes aux environs de Katwyk et de Nordwyk, où le mal n'avait point sévi.

CHAP. V. DÉGÉNÉRESCENCE DES TUBERCULES.

CHAPITRE V.

Dégénérescence des tubercules.

Je le répète, l'hypothèse de la dégénérescence des variétés ne peut s'étendre cette année à la maladie générale des pommes de terre et s'appliquer à des phénomènes aussi étendus que ceux qui s'observent actuellement.

Partout on a remarqué que des variétés obtenues de graines depuis trois ans ont été atteintes ainsi que les races plus anciennement établies dans les mêmes localités. Enfin des agronomes des États-Unis ont remarqué qu'en 1844 les variétés nouvellement introduites ont plus souffert que les races anciennement cultivées dans les mêmes contrées et sous les mêmes conditions.

Cette seule remarque suffit pour réduire au néant l'hypothèse de la dégénérescence des tubercules dans les circonstances actuelles.

Il sera bon néanmoins de choisir pour la semence de 1846 des tubercules provenant des terrains sablonneux, chez lesquels la maturation se sera trouvée naturellement plus complète. Les différentes commissions agricoles appelées à se prononcer sur le bon emploi des tubercules sains comme semence en 1846 ont été d'avis que les tubercules récoltés cette année et conservés sans altération pourraient servir à la reproduction.

D'après tout ce qui précède, il me paraît utile de recommander aux cultivateurs des départements du nord la culture des variétés hâtives. Partout cette année le fléau les a pour ainsi dire épargnées complètement, et si, comme tout le fait présumer, on doit attribuer la plus grande partie du dégât aux influences météoriques qui se manifestent pendant l'été; il serait prudent de prévenir ces fâcheux effet en hâtant l'époque de maturité.

CHAP. VI. CONTAGION DE LA MALADIE.

CHAPITRE VI

Contagion de la maladie.

§ Ier. - Contagion du Botrytis.

La maladie est-elle contagieuse ? ce point est le plus important. Les opinions émises à ce sujet doivent se ranger sous deux chefs principaux. Il importe surtout de ne pas confondre les deux causes d'altération décrites par MM. Morren et Payen, puisqu'il est évident, en effet, que les cryptogames parasites, regardées par ces savants comme cause essentielle du mal, ne présentent aucune analogie.

Il faut le reconnaître aujourd'hui, l'opinion de M. Morren, qui a tant contribué à jeter l'alarme parmi les populations, repose sur une erreur d'observation, et les raisonnements les plus subtils n'empêcheront pas que M. Morren, en persévérant dans son hypothèse, ne se trouve complètement isolé.

§ II. - Contagion de la matière brune.

Il me reste à exposer les expériences entreprises par M. Payen, dans le but de s'assurer si la maladie des tubercules avariés et si la matière brune pouvait se transmettre par le contact immédiat. M. Payen a fait l'expérience suivante:

"Dix tubercules attaqués furent rangés sur un plateau autour de deux tubercules sains d'une autre variété, et dont un était coupé en travers.

"Le plateau fut maintenu sous une cloche dans un air presque saturé d'humidité, à une température de 20 à 28 degrés centésimaux.

"Au bout de huit jours, on n'apercevait aucun signe de transmission.

Cette expérience, comme on le voit, n'a rien que de très rassurant. Elle est loin de s'accorder avec les conseils donnés si malheureusement dans le principe de brûler ou de jeter les tubercules avariés.

CHAP. VII. RÉSULTATS DE LA DESTRUCTION DES TIGES SUR LA PRODUCTION DES TUBERCULES.

CHAPITRE VII

Résultat de la destruction des tiges sur la production des tubercules.

Les données transmises de différents départements ou de diverses provinces de la Belgique et de la Hollande ne s'accordent point, relativement à l'évaluation approximative des pertes éprouvées cette année. Cependant si le dommage n'a pas été aussi étendu en France que dans les pays limitrophes, et si la récolte a été plus abondante qu'on n'était pour ainsi dire en droit de l'espérer, il ne faut pas en conclure, comme certains esprits, que le mal a été exagéré en Belgique et en Hollande. Dans ces deux pays la perte a été énorme, et à cet égard on ne verra peut-être pas sans intérêt le tableau statistique de la culture des pommes de terre dans le royaume des Pays-Bas où ce tubercule peut être considéré aujourd'hui comme la base de la nourriture non pas seulement des classes pauvres, mais encore des classes moyennes de la société.

En voici le produit pendant les deux dernières années dans les différentes provinces du royaume:

1843.
1844.

Hectol.
Hectol.

Brabant septentrional

2,333,793
1,993,197

Gueldre

2,897,701
2,504,527

Hollande méridionale

1,681,196
1,536,967

Hollande septentrionale

275,975
533,250

Zélande

805,464
764,888

Utrecht

453,841
344,792

Frise

2,126,157
1,830,006

Overyssel

1,116,390
1,348,830

Groningue

1,395,247
1,349,533

Drenthe

622,957
650,777

Limbourg

753,850
695,263

La diminution observée entre les produits de 1843 à 1844 reconnaît plusieurs causes, en tête desquelles on doit placer l'immense développement qu'a pris à Java la culture du riz qui entre aujourd'hui pour une part considérable dans l'alimentation de la population hollandaise; puis les bonnes relations existant entre la Belgique et le royaume néerlandais qui permet l'importation des grains étrangers; enfin le nouveau développement que prend aujourd'hui en Zélande la culture de la garance.
Quant aux dégâts causés sur les tubercules dans les différentes provinces de la Hollande, on les évalue comme suit:

Hectares.
Atteints de la maladie.

Brabant septentrional

10,671
10,661

Hollande septentrionale

2,287
1,121

Hollande méridionale

12,310
10,943

Zélande

4,686
3,748

Frise

10,816
7,998

Overyssel

7,326
4,461

Limbourg

7,113
2,254

On estime en France la récolte annuelle des pommes de terre à 4,800,000 hectolitres représentant 31,000,000 de quintaux métriques; mais jusqu'à ce jour il est impossible d'évaluer les pertes.

En Belgique, d'après le rapport présenté aux chambres législatives, on porte à 12,000,000 d'hectolitres la consommation annuelle des pommes de terre, qui sont, surtout pour les habitants des campagnes, la base principale de l'alimentation.

Dans quelques provinces, ainsi qu'en Hollande, on évalue également la perte aux deux tiers de la récolte.

CHAP. VIII. CARACTÈRES GÉNÉRAUX. - ÉTAT DES PLANTATIONS DES POMMES DE TERRE DANS LES ENVIRONS DE BRUXELLES.

CHAPITRE VIII

Caractères généraux.

État des plantations des pommes de terre dans les environs de Bruxelles.

J'emprunte le relevé suivant à l'excellent et consciencieux rapport de M. le docteur Dieudonné. Cette statistique, instructive par la variété de pommes de terre qu'elle nous présente, nous donnera en outre une idée de l'aspect des campagnes et des ravages incroyables qu'a faits l'épidémie sur un espace très resserré. Le sol bien amendé sur lequel la commission a d'abord fixé son attention appartient à un terrain d'alluvion analogue à celui du bois de Boulogne, de la plaine du Point-du-Jour, de la presqu'île de la Marne, etc. C'est, en un mot, un terrain sablonneux mêlé de cailloux roulés.

"Deuxième champ. - Pommes de terre rouges tardives, commençant seulement à fleurir; beaucoup plus malades que les précédentes, elles n'offrent plus que très peu de feuilles saines; les tiges sont fortement tachées; les tubercules ont la grosseur d'une cerise et sont sains. Plusieurs plantes commencent à repousser assez vigoureusement du pied.

"Troisième champ. - Pommes de terre blanches précoces, en fructification avancée; les tiges sont peu tachées; les tubercules sont sains et d'une grosseur ordinaire.

"Quatrième champ. - Pommes de terre rouges tardives, n'ayant pas encore fleuri; symptômes semblables à ceux du n° 2; tubercules sains, mais petits. Quelques tiges sont garnies de nouvelles pousses.

"Cinquième champ. - Pommes de terre blanches précoces, en état de maturité. On est occupé à arracher. Le propriétaire déclare qu'elles sont de moitié moins grosses et moins nombreuses que les autres années. Les tiges sont peu attaquées et les tubercules sont sains.

"Septième champ. - Pommes de terre blanches précoces; tiges très peu tachées et assez bien pourvues de feuilles saines; tubercules beaux et sains.

"Huitième champ.- Pommes de terre blanches précoces en état de maturité; tiges fortement tachées presque totalement effeuillées; tubercules petits, mais sains.

"Neuvième champ. - Pommes de terre blanches tardives; en fleur; les tiges sont en général saines et assez bien garnies de feuilles saines, mais toutes les sommités sont grillées. Les pommes de terre situées à la partie supérieure du champ ont beaucoup plus souffert. Les tubercules sont peu développés et sains; cependant on en rencontre un assez bon nombre présentant à leur surface de petits points blancs de la grosseur d'une graine de pavot, constitués par de petits amas de fécule, phénomène assez fréquent dans les années humides et sans aucune conséquence fâcheuse si les pluies ne sont pas abondantes et continues.

"Onzième champ. - Pommes de terre blanches tardives, n'ayant pas encore fleuri; sommet des tiges grillé; tiges tachées; tubercules petits; quelques-uns sont tachés.

"Douzième champ. - Pommes de terre rouges tardives. Toute la plantation paraît frappée de mort; çà et là on rencontre encore une plante offrant quelques parties vertes; si l'on arrache celles qui présentent le meilleur aspect, on ne trouve sous terre que quelques rares tubercules ayant à peine quelques millimètres de circonférence. Tous les autres individus sont totalement dépourvus de tubercules, et si petits que soient ceux qu'on observe, ils présentent déjà des taches.

"Du point où nous sommes arrivés, dit M. Dieudonné, on embrasse un vaste horizon, et de quelque côté qu'on porte les regards, on n'aperçoit partout, au milieu de plaines d'un aspect sombre, que d'immenses taches noires. Ces immenses taches noires, ces tristes plaines, sont des champs entiers, et souvent d'une étendue considérable, d'où toute trace de végétation a disparu et où l'on ne trouve plus que des fanes noires desséchées."

Il résulte enfin des recherches de la commission d'enquête que toutes les campagnes des environs de Bruxelles ont subi à peu près le même sort; que toutes les variétés de pommes de terre ont été indistinctement atteintes, mais à des degrés différents, il est vrai, suivant l'époque de la plantation, selon l'exposition et la nature du terrain; que les pommes de terre précoces, quoique en général moins grosses et moins nombreuses qu'à l'ordinaire, ont aussi moins souffert que les variétés tardives qui, dans certaines localités, n'ont même point produit de tubercules; que la récolte enfin a été nulle, ou équivalente tout au plus au dixième d'une récolte ordinaire.

Ce triste exposé, puisé dans le rapport de M. Dieudonné, est conforme à ce qu'on a constaté en Hollande; mais peut-être doit-il quelque chose à l'impression douloureuse sous laquelle il a été écrit ?

CHAP. IX. DE L'INNOCUITÉ DES TUBERCULES MALADES COMME ALIMENT.

CHAPITRE IX.

De l'innocuité des tubercules malades comme aliment.

L'expérience a démontré aujourd'hui que l'usage alimentaire des pommes de terre malades ne produit aucun effet nuisible ni sur la santé des hommes ni sur celle des animaux domestiques, et qu'à plus forte raison, en enlevant les portions altérées, on conserve aux tubercules toutes leurs qualités. Je puis citer, à l'appui de ce fait, ce qui se passe depuis plusieurs semaines dans les casernes de la banlieue de Paris, où les soldats se nourrissent de tubercules avariés qu'ils obtiennent à très bas prix, et qu'ils préfèrent, après les avoir épluchés, aux légumes secs; il est bien entendu qu'il ne peut être question ici de tubercules putrilagés.

En Belgique, on a reconnu que des porcs pouvaient être impunément nourris pendant trois mois au moyen de tubercules avariés, bouillis ou crus; ce résultat fort important, comme l'a fait remarquer M. Bourson, permet au petit cultivateur de compter sur l'engraissement du porc qu'il entretient pour servir à sa nourriture d'hiver.

Des observations suivies avec soin, du 24 août au 7 septembre, par M. Numan, professeur à l'école vétérinaire d'Utrecht, ont prouvé d'une manière plus certaine encore l'innocuité des tubercules avariés sur des porcs et des chiens. Quatre porcs, nourris chaque jour avec dix kilogrammes de tubercules crus et très gâtés, auxquels on ajoutait deux litres de lait de beurre, se sont engraissés comme ceux auxquels on accordait dix kilogrammes de pommes de terre gâtées et bouillies, deux litres de lait de beurre et un kilogramme de farine d'orge.

En résumé, rien ne prouve le danger des tubercules malades; et si, contre toute probabilité, la maladie venait à sévir de nouveau, les cultivateurs, éclairés par tout ce qui précède, trouveraient pour eux-mêmes un emploi utile des tubercules gâtés, et sauraient qu'à l'aide de quelques légères précautions ils peuvent, avec la même sécurité, nourrir leur bétail des parties les plus avariées.

CHAP. X. DE LA CONSERVATION DES TUBERCULES.

CHAPITRE X.

De la conservation des tubercules.

Les commissions chargées, en Hollande et en Belgique, de l'examen des questions relatives à la maladie des pommes de terre, et la commission de Paris, ayant pour organe M. Payen, ont exprimé au sujet de la conservation des tubercules les idées les plus sages; elles ont cru devoir donner, en effet, la préférence à celles de ces méthodes qui seraient d'un emploi facile et peu coûteux pour la généralité des cultivateurs; d'accord sur les points principaux avec les cultivateurs, elles recommandent:

1° De laisser les tubercules exposés au soleil et à l'air libre, sur le champ où ils auront été récoltés; de les étaler après avoir effectué un premier triage;

2° De les transporter dans une cour ou un jardin, si le temps est favorable, de les y amonceler en tas peu élevés, de manière à procéder avec facilité à un second triage;

L'ensilotage comme moyen de conservation ne paraît pas avoir obtenu l'assentiment des cultivateurs. On lui objecte de s'opposer au triage facile des tubercules, et par suite de ne pouvoir les employer au début de leur altération. Les silos dits africains et munis au fond d'un puits d'écoulement n'ont pas produit de meilleurs résultats. La commission belge s'est accordée à regarder, d'après diverses expériences, l'ensilotage comme plus dangereux qu'utile. L'humidité, en effet, exerce une très nuisible influence sur les tubercules légèrement avariés; elle entraîne cette année la pourriture. Ainsi, des tubercules récoltés dans un même champ ayant été placés à peu près par moitié, les uns dans un lieu sec et aéré, les autres dans une cave humide, les premiers se sont conservés presque complètement, un tiers des seconds a été gâté. A Belfort, un jour de pluies abondantes a suffi pour porter d'un vingtième à un tiers les ravages opérés sur les tubercules exposés à la pluie.

Un des membres de la commission belge a conservé parfaitement sa récolté jusqu'à ce jour en roulant les pommes de terre dans la poussière et en les disposant par couches de 0m,25 à 0m,30 d'épaisseur.

Le sel marin, préconisé par plusieurs personnes, et récemment encore par quelques agronomes anglais, doit être rejeté. Des expériences faites par M. Melsens, d'après les données de M. Dumas, ont démontré que ce sel déterminait en vingt-quatre heures la putréfaction des tubercules avariés.

En résumé, la récolte des pommes de terre demande, cette année, à être surveillée avec soin. Les tubercules devront être partagés en trois catégories.

1° Les pommes de terre reconnues de bonne qualité ne se gâtent point, ainsi qu'on l'avait avancé; mais, vu leur maturation imparfaite, elles demandent à être déposées d'abord dans des lieux secs ou aérés; puis, à l'époque des gelées, à être conservées dans des caves avec la précaution de les placer soit sur des planches, soit sur des bourrées ou fagots, afin de les isoler du sol.

2° Les tubercules légèrement altérés et marqués de taches brunes peuvent être conservés comme provision d'hiver, pourvu qu'on les dispose par lits, comme le proposent plusieurs personnes et en particulier M. Lindley. Les épluchures peuvent être données aux bêtes à cornes.

Si néanmoins ces derniers tubercules ne peuvent pas être employés immédiatement, on devra s'empresser d'en retirer la fécule. Le procédé pour l'obtenir est fort simple et peu coûteux. Il faut ràper les tubercules au-dessus d'un tamis en crin, verser de l'eau sur la pulpe en remuant le tamis au-dessus d'une terrine, d'un baquet, etc. On laissera reposer le liquide, et la fécule ou farine se précipitera au fond du vase. On enlèvera l'eau avec précaution, et on obtiendra ainsi une masse blanche qu'on fera sécher promptement, soit en l'exposant au soleil, soit en la plaçant dans un four dont la chaleur ne dépassera pas 30 à 35 degrés. Cette fécule se conservera en sac.

Ce procédé unanimement recommandé prouve jusqu'à l'évidence que la fécule ne se trouve ni détruite, ni même altérée, et que, sous ce rapport, mes observations, si contraires à celles énoncées par M. Morren, se sont trouvées exactes. Ce qui me fait revenir sur ce point, c'est que je vois encore aujourd'hui les préfets et les maires agir sous l'impression des premiers articles publiés en Belgique et conseiller à leurs administrés de rejeter les tubercules avariés.

LISTE DES PRINCIPALES PUBLICATIONS RELATIVES À LA MALADIE DES POMMES DE TERRE.

Liste des principales publications
Relatives à la maladie des pommes de terre.

LISTE

DES PRINCIPALES PUBLICATIONS

RELATIVES

A LA MALADIE DES POMMES DE TERRE

Bauhauer (Von). Voyez Moleschott.

Bergsma (C. A.). De Aardappel Epidemie in Nederland inder jare, 1845. Broch. in-8. Utrecht, 1845.

Berkeley (le Revér. J.). Lettre insérée dans le Gardeners'Chronicle, n. 35, 30 août.

Bidard, Voyez Girardin.

Bonjean (Joseph). Lettres sur l'altération des pommes de terre et sur leur innocuité. Courrier des Alpes, du 20-30 septembre. - Voir les Comptes rendus des séances de l'Académie des Sciences du 22 septembre, n. 700.

Bouchardat. Sur la maladie des pommes de terre et sur le moyen de tirer parti de celles qui sont altérées. - Comptes-rendus, etc., 15 septembre, p. 631.

- Expériences concernant l'action des sels ammoniacaux sur la végétation des pommes de terre, id., p. 636.

Bourson (Ph.). Rapport adressé à M. le ministre de l'intérieur par la Commission chargée de l'examen des questions relatives à la maladie des pommes de terre. Moniteur belge, 11-22 octobre, et des 15, 16, 17, 18 novembre.

Decaisne (J.) Sur la maladie des pommes de terre. L'Institut du 3 septembre; comptes-rendus des séances de la Société philomatique.

- Recherches chimiques sur la maladie des pommes de terre. Moniteur belge du 6 septembre. - Deuxième article inséré au Moniteur belge du 11 octobre.

Dercerfz. Sur la gangrène des végétaux et spécialement sur la maladie actuelle des pommes de terre. - Comptes-rendus des séances de l'Académie des Sciences, 15 septembre, n. 11, p. 632.

Desmazières (J.-B.-H.). Sur la maladie des pommes de terre. - L'Écho du Nord, Lille, le 26 septembre.

Desvaux. De l'altération des tubercules de la pomme de terre, de ses causes et de sa liaison avec la Frisolée.- Bull. des séances de la Soc. royale et centrale d'agr., t. V, p. 66.

Dieudonné (le Dr). Rapport fait au Conseil central de salubrité publique de Bruxelles, sur la maladie des pommes de terre. Broch. in-8, Bruxelles, 1840.

Duchartre (P.). Sur la maladie des pommes de terre. Écho du Monde Savant, 21 et 28 septembre.

- Revue Botanique, tom. I, p. 147.

- L'Institut, Comptes-rendus des séances de la Société philomatique du 30 août.

Dumortier (B.-C.). Observations sur la Cloque des pommes de terre. - L'Émancipation belge, n. 2, 3, 4 novembre.

Durand. Sur la maladie de la pomme de terre.- Journal de Caen des 8 et 25 septembre.

Gardener's Chronicle, à partir du 16 août.

Gazette de l'Association agricole de Turin du 24 septembre. Rapport sur la maladie des pommes de terre.

Georges (le Dr). Sur la maladie des pommes de terre. - Broch. in-8, Bruxelles, 1845.

Gérard. Observations nouvelles sur la maladie des pommes de terre. - Revue Botanique, I, p. 177.

Girardin et Bidard. Rapport adressé à M. le président de la Soc. d'agric. de la Seine-Infér. sur la maladie des pommes de terre en 1845 et sur le moyen d'en tirer parti. - Vigie de Dieppe du 7 octobre.

Gravet [(Dom.). Lettres sur la maladie des pommes de terre, adressées au rédacteur du Journal de Flandre, 1, 2, 3 novembre.

Guérin-Menesville. Note sur les Acariens, les Myriapodes, les Insectes et les Helminthes observés jusqu'ici dans les pommes de terre. Bulletin des séances de la Société royale et centrale d'agriculture de Paris, tome V, n. 3, p. 331; 2 planches.

Journal de la Société d'agriculture et Comices agricoles du département des Deux-Sèvres, du 25 juin au 25 août.

Kick et Mareska. Rapport sur l'épidémie actuelle des pommes de terre.- Annales de la Société médicale de Gand. Broch. in-8, 1 planche, octobre 1845.

Le Maout (Ch.). Avis aux cultivateurs sur la récolte des

Pommes de terre en 1845. - Pilote de la Manche.

Libert (Mlle). Lettre sur la maladie des pommes de terre au Rédacteur du Journal de Liège, 19 août, n. 196.

Lindley (John). Voir les numéros du Gardener'. Chronicle.

Mareska. Voyez Kick.

Martius (de). Die Kartoffel Epidemie oder die Stock faille und Bande der Kartoffelen. In-4, 3 pl. lith. et color., Munich, 1842.

Michot (l'abbé). Opinion sur la maladie de la Solanée tubéreuse.- Moniteur Belge des 7 et 8 septembre 1845.

Moleschott et Von Baumhauer. Het wezen der Aardappel-ziekte, etc.- Broch. in-8, 1 planch. lith. Utrecht, 1845.

Montagne (le Dr C.). Observations sur la maladie des pommes de terre. - Bulletin de la Société philom. dans l'Institut du 3 septembre, n. 609.

Morren (Ch.). Lettres au Rédacteur en chef de l'Indépendance Belge, 22 août. - Id. du 30 août, id. 2 septembre, 9 septembre, 19 octobre.

- Instructions populaires sur les moyens de combattre et de détruire la maladie actuelle des pommes de terre. - In-12. broch.

Muhlenbeck. Sur la maladie des pommes de terre. - Société industrielle de Mulhouse, broch. in-8, en allemand et en français.

Munter. Sur la maladie des pommes de terre, d'après les observations faites dans le nord de l'Allemagne. - Comptes-rendus des séances de l'Acad. des Sciences, 30 novembre.

Payen. Notes relatives à l'altération des pommes de terre. - Comptes-rendus des séances de l'Acad. des Se. du 8,15, 22, 29 septembre 1845.

- Rapport à M. le Ministre de l'agriculture et du commerce, au nom de la Société royale et centrale d'agriculture, sur la maladie qui attaque les pommes de terre. - Bulletin des séances de la Société royale et centrale d'Agric., t. V, p. 292, 2 planches.

Philippar. Sur la maladie des pommes de terre. - Journal des Débats, 19 septembre.

Potter (de). Voyez Variez.

Pouchet. Examen de l'altération des pommes de terre. - Mémoire accompagné de planches, présenté à l'Académie des Sciences, le 15 septembre.

Rapport de la commission d'agriculture de la province de Groningue, sur la maladie dont la pomme de terre est actuellement atteinte. - Verslag der Commissie van Landbouw in de provincie Groningen over de thans heerschende Aardappel ziehte dans le Nederlandsche-Staats-Courant, 16 septembre.

Rapport de la 1re classe de l'Institut royal néerlandais des Sciences, sur la maladie des pommes de terre. - Verslag der Eerste Klasse van het Koninhlijk Nederlandsch Instituut van Wetenschappen, etc. - Même journal, 21 septembre.

Roeper (J.). Article inséré dans une feuille allemande dont le titre m'est inconnu. Daté de Rostock, janvier 1842.

Royer. De ce qu'on paraît être convenu d'appeler la maladie des pommes de terre. Article daté de Sarreguemines, 19 septembre, inséré dans le Journal d'agriculture pratique, t. III. 2e série, p. 164.

- Rapport adressé à M. le Ministre de l'agriculture et du commerce, sur l'altération des pommes de terre en 1845. In-8, Impr. royale.

Saubiac (de). Quelques mots sur la maladie des pommes de terre. - Journ. soc. agric. de l'Ariége.

Schmuts (D.). Expériences sur la conservation des pommes de terre malades. - Narrateur Fribourgeois du 5 octobre.

Seringe (N.-C.). Rapport de la Commission nommée dans le sein de la Société d'horticulture pratique du Rhône pour s'occuper de la maladie des pommes de terre. - Br. in-8, 1 pl., Lyon.

Stas. Observations sur la maladie qui sévit sur les pommes de terre, - Mémoire présenté à l'Académie des Sciences, séance du 22 septembre.

Tougard. Sur la maladie des pommes de terre. - Journal du Havre, article daté de Rouen, 3 septembre.

Variez et De Potter. Maladie et thérapeutique des pommes de terre. - Lettre au Rédacteur du Moniteur belge du 29 août.

Imprimerie d'E. Duverger. rue de Verneuil, 4.